별빛을 선물하다

_____ 에게 별빛을 선물하다

사진 작가

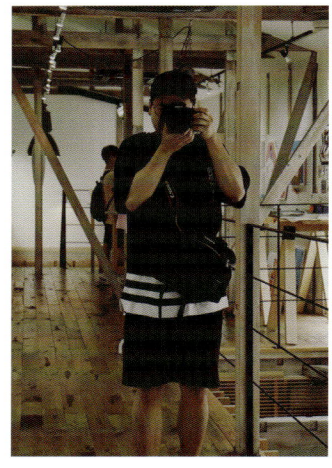

신용운_수지어린이천문대장

출품 천체사진전 <우주 그 너머>
사진 제공 도서 <어린이천문학>, <천문학이 밥 먹여주니>
<고작 혜성 같은 걱정입니다>

어두운 밤하늘에 망원경과 카메라를 댄다. 시간을 깔고 앉아 기다린다. 그러면 사진에서 새로운 우주가 피어난다. 천체 사진 촬영은 또 하나의 우주를 만드는 일이다. 그 맛에 빠져 오늘도 나는 망원경을 메고 촬영지로 향한다.

글 작가

조승현_구리어린이천문대장

저서 <천문학이 밥 먹여 주니>, <고작 혜성 같은 걱정입니다>

밤하늘의 별빛을 좋아한다. 아이들의 눈빛도 사랑한다. 결국 어린이천문대에서 아이들에게 천문학을 가르치는 행복한 일을 하고 있다. 아이들에게는 쪼쪼쌤으로 불린다.

'제 5회 카카오 브런치북 프로젝트'에서 금상을 수상했다. 카카오 브런치에서 7년째 에세이를 연재하는 중이다. 오늘도 노란 불빛 아래 꾸준히 쓴다. 글쓰기도 별 보기 만큼이나 즐겁다.

작가들의 말

못된 감염병이 시작된 지도 어느새 1년이 훌쩍 넘었다. 코로나 19가 유행하며 우리네 삶은 모래에 꽂아둔 막대기처럼 흔들거렸다. 코로나 19의 위험이 늘어날 때마다 아이들은 밖으로 나올 수 없었다. 밤 9시가 넘어서는 문을 열지 말라는 정부의 방역지침이 내려지기도 했다. 그러면 별빛이 성수기인 겨울밤에도 천문대는 문을 닫았다. 아이들에게 별을 보여주는 일은 비대면으로 대체할 수 없다는 사실이 쓰라리도록 서글펐다.

굳게 잠긴 천문대에서 망원경을 잡았다. 유난히 날씨가 맑은 밤들이었다. 아이들을 위해 쓰던 커다란 망원경을 오래간만에 나를 위해서 움직였다. 망원경이 닿는 어둠마다 별로 가득 찬 우주가 펼쳐졌다. 원망스러운 바이러스와 별개로 밤하늘은 10년 전과 똑같이 아름다웠다. 순수한 꿈을 꾸었던 어린 시절로 돌아간 것만 같았다. '그래, 난 별을 보며 행복을 느끼는 청년이었지' 하며 조금은 간질거리는 과거도 기억했다. 천문대가 텅 비었기에 누릴 수 있는 서글픈 즐거움이었다.

가장 안전한 야외 관측지에서 카메라에 담은 우주를, 마음에 써 내린 밤하늘을 정성스레 모았다. 찬란한 우주의 모습이 당신에게도 한 줌 응원이길 바란다. 별빛을 선물한다.

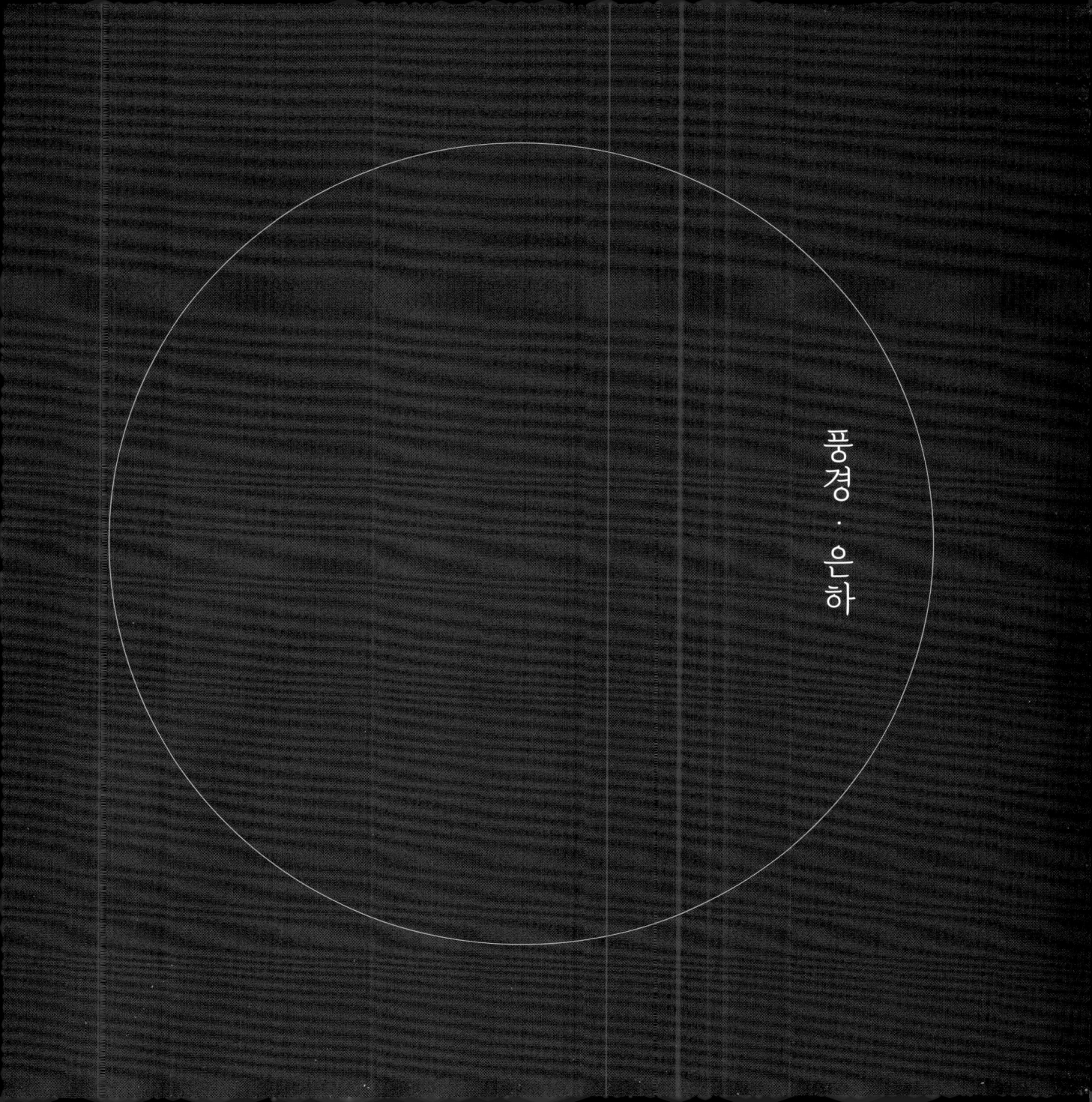

발 구르는 별

—

발을 동동 구를 정도로
추운 날이었다.
별도 발을 동동 구르는지
쉴 새 없이
반짝이던
밤이었다.

■ 겨울 밤하늘

장소　　　강원도 화천

카메라　　Canon Eos 5D mark-Ⅲ

촬영시간　노출 15S

북극성

■ 북쪽 밤하늘

천문대에 갈 때마다 엄마가 말한다.
"가만히 앉아서 잘 들어"
그런데 사실 북극성도 조금씩 움직인다.
나라고 별수 있나.
나도 사실 많이 꿈틀댄다.

세상에는
오래 볼수록 더 반짝이는 것들이 있다.
밤하늘의 별처럼
누군가를 향한 사랑처럼.

별을 만나려면 얼마 동안
눈을 감고 시간을 세어야 한다.
기다림은 때로 지루하고 두렵다.
그러나 언젠가 기다림 건너편에서
소중하게 반짝이는 그 무언가를,

우리는 결국
만나고야 말 것이다.

〈고작 혜성 같은 걱정입니다〉 中

■ 그랜드 캐년의 낮

■ 하와이 마우나케아산의 낮

■ 그랜드캐넌의 밤

■ 하와이 마우나케아산의 밤

기다림

—

기다림이 행복한 순간 Best 3
1. 택배
2. 치킨
3. 생일

순위권에는 못 들었지만
은하수를
행복하게
기다려본다.

■ 미국 모뉴먼트 밸리(은하수 관측 전)

가려진 은하수

—

가끔은
구름 낀 하늘이
더 멋지다.

■ 미국 모뉴먼트 밸리 은하수

■ 미국 모뉴먼트 밸리 은하수

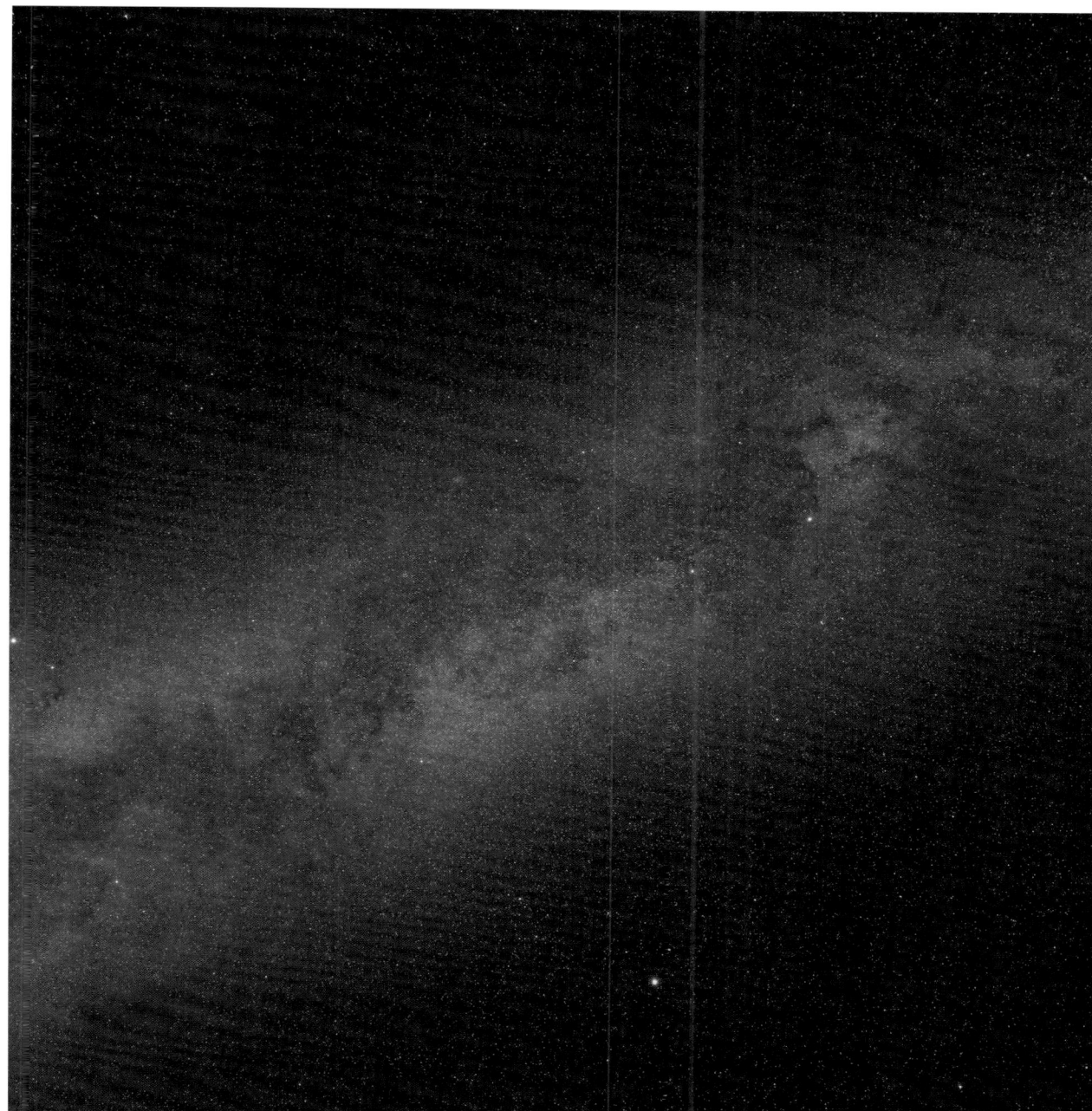

■ 미국 그랜드캐년 은하수

■ 안드로메다 은하(M31)

안드로메다 은하

-

안드로메다 은하는
우리가 살고 있는 우리은하와
충돌한다.

티끌만 한 태양과 지구는
거대한 중력의 소용돌이에서
살아남을 수 있을까?

아 참,
두 은하가 충돌하려면
40억 년 정도 남았다.
적어도 내 자식의 자식의 자식의 자식의 자식...
까지는
별일 없을 것 같다.

사자자리
세 쌍둥이 은하

—

아무리 봐도
코 옆에 점이 있는
대현이를
닮았다

■ M81, M82

■ M51

■ M101

" 이 드넓은 우주에
생명체가 인간뿐이라면,
그것은 엄청난 공간 낭비다 "

- 칼 세이건 -

삼각형자리 은하

―

삼각형 별자리 안에 사는 은하라서
이름이 삼각형자리 은하라고 한다.
그럼 내 이름은
아파트 휴먼?

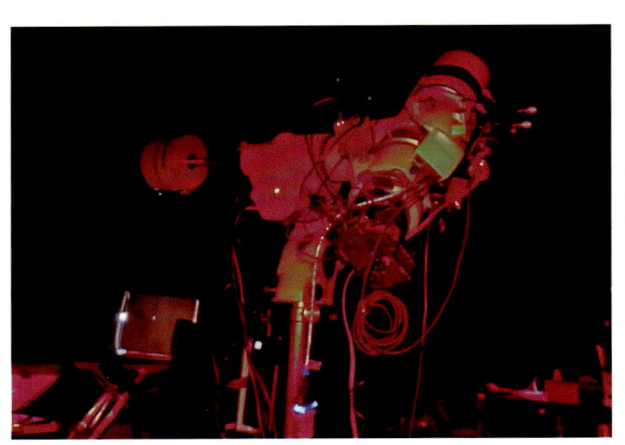 

■ 은하 촬영 장비

■ 삼각형자리 은하(M33)

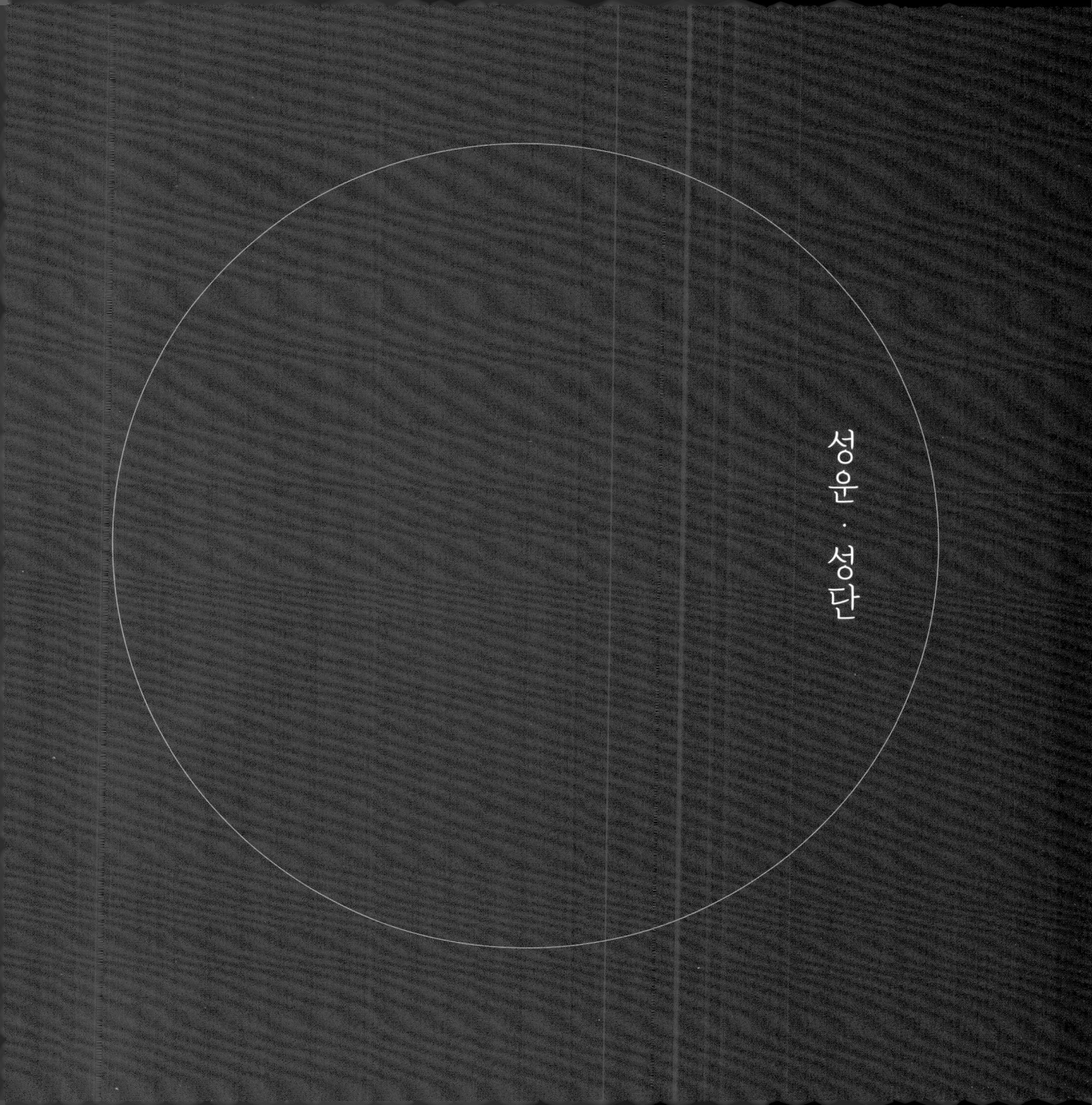

성운 · 성단

성운의 이름

-

내가 보기엔
꼭 해마 같다.
친구는
구부러진 손가락 같단다.
그런데 이름은
말머리 성운이다.
흠-

■ 말머리 성운 (IC434)

■ 마귀할멈 성운(IC2118)

■ 하트 성운(IC1805)

■ 플레이아데스 성단 (M45)

성단과 이순신

—

코로나는 말했다.
뭉치면 죽고, 흩어지면 산다.
그래도 별은
뭉치면 더 이쁘다.

■ 헤라클레스 구상성단(M13)

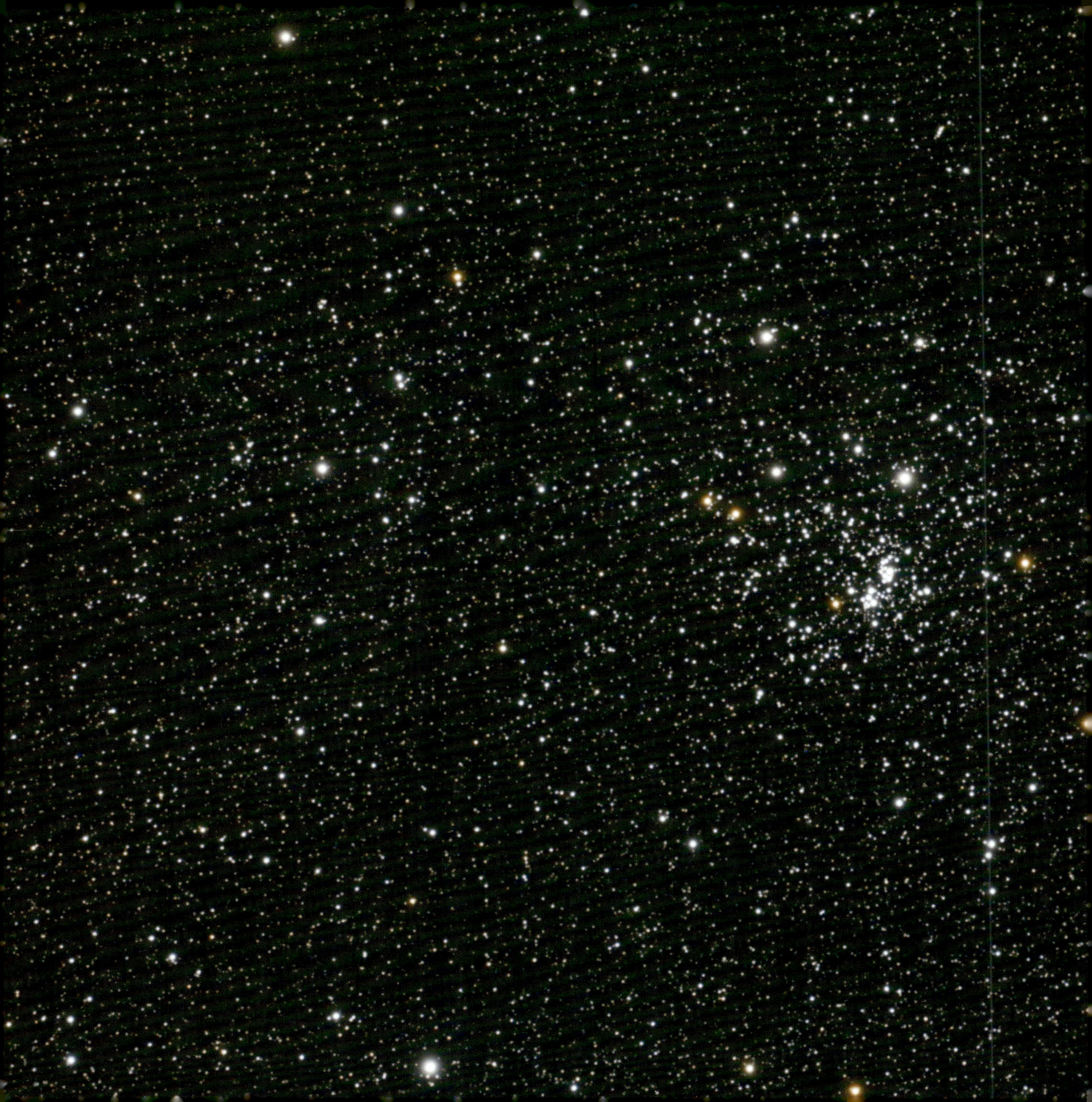

■ 이중 성단 (NGC869, 884)

■ 장미 성운(NGC2237)

성운과 가스

-

우주에 있는 가스는
장미처럼 생긴 것도 있고
펠리컨과 비슷한 것도 있다.
내 뱃속에는 어떤 우주가 살까?

■ 펠리컨 성운 (IC5070)

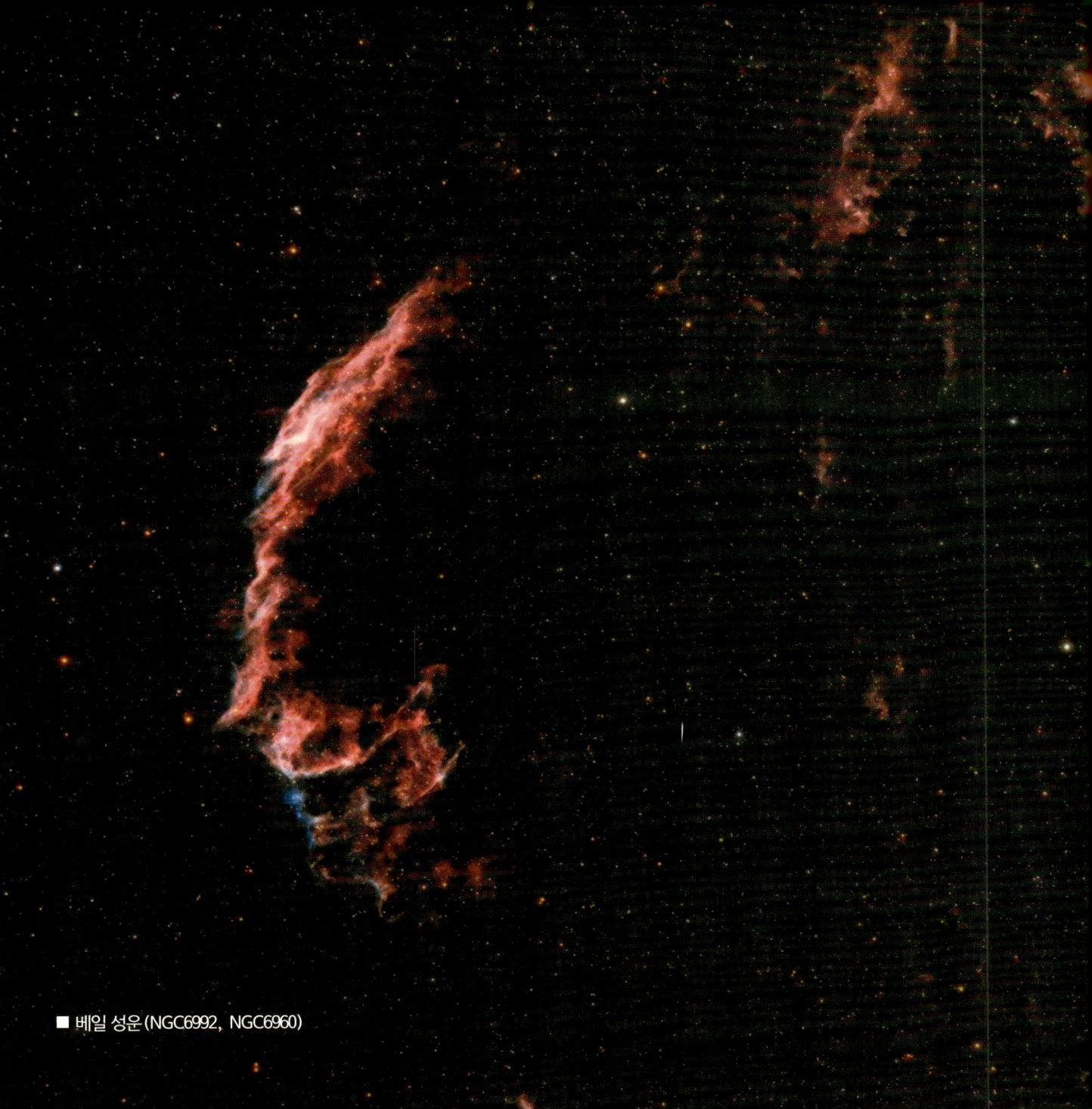

■ 베일 성운 (NGC6992, NGC6960)

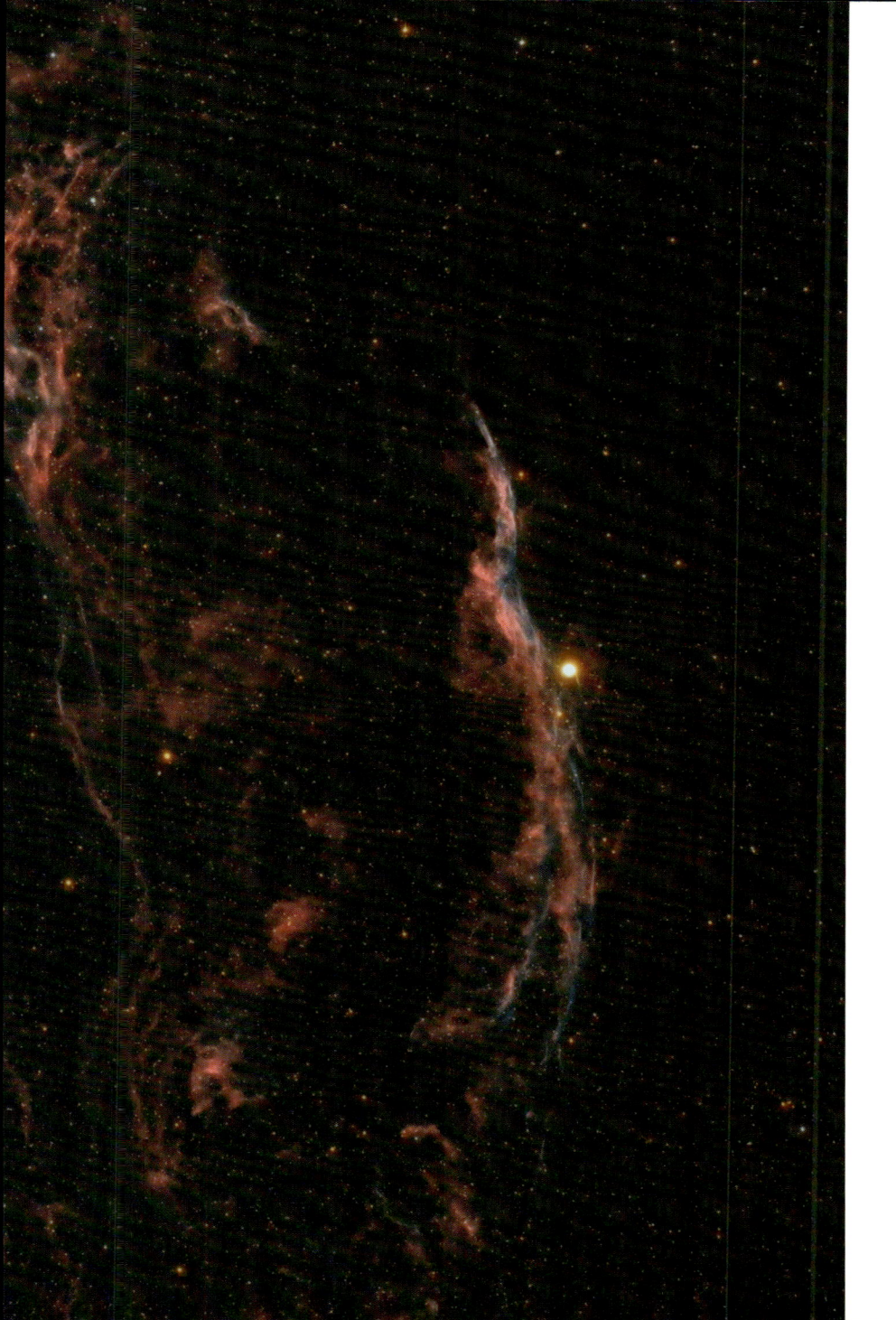

"더 어두울수록

더 아름다운 이유"

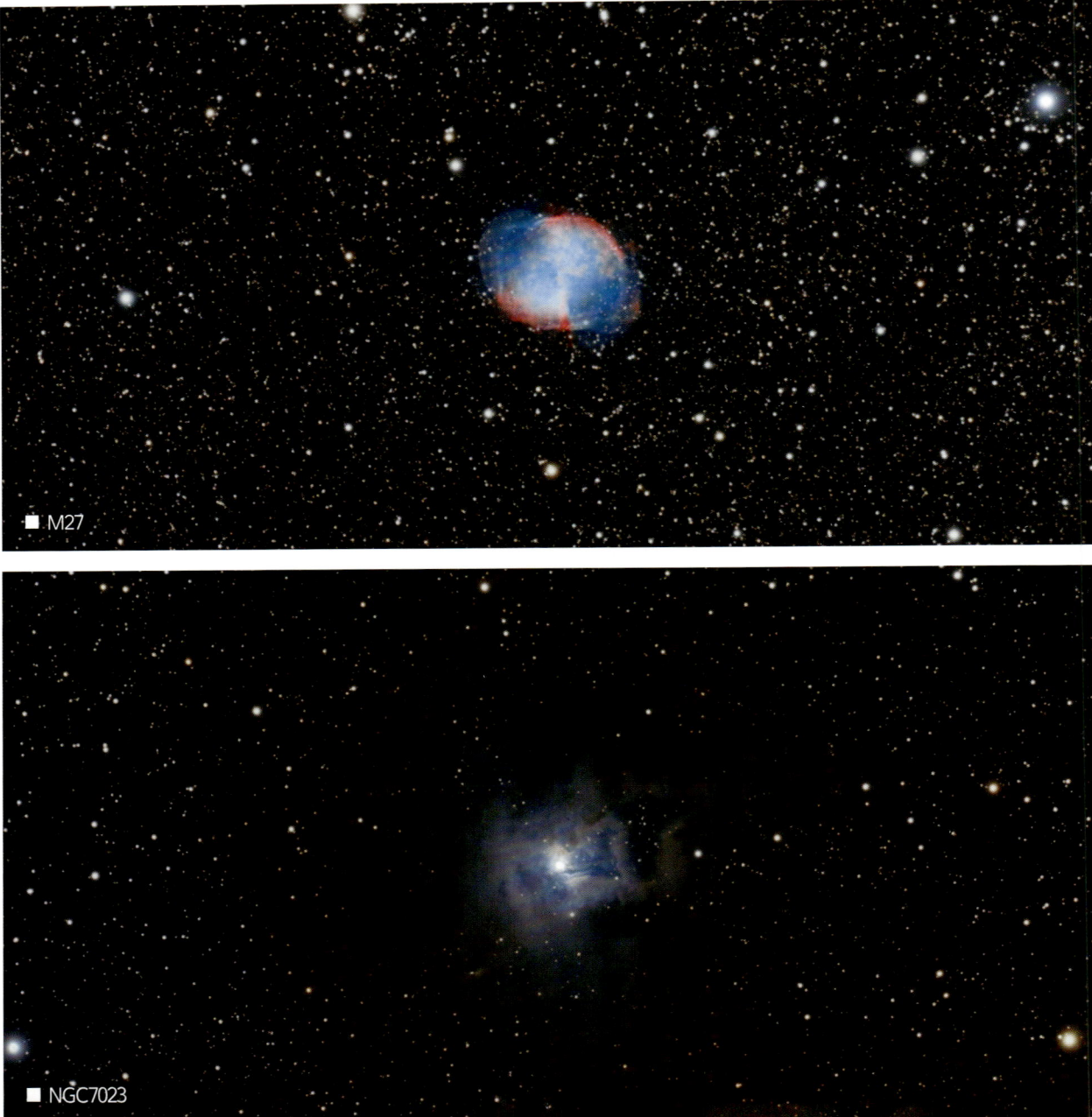

◀ **아령 성운**

-

꼭 먹다 버린 사과처럼
생겼는데
아령 성운이란다.
먹는 것 좀
그만 생각해야겠다.

◀ **아이리스 성운**

-

우리나라는 무궁화
일본은 벚꽃
프랑스는 아이리스꽃
괜히 듣고 나니
사진에서
유럽의 푸른 향이 난다.

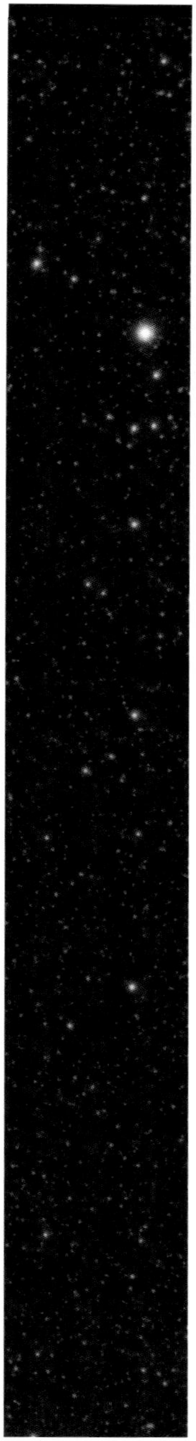

■ 독수리 성운 (M16)

성운 엉덩이는 빨개

—

성운들은
빨간 애들이 정말 많다.
성운에 살고 있는 수소들이
빨간색을 좋아해서 그렇다고 한다.

어쩐지 우리 집에는
갈색이 많다.
나는야 초콜릿 중독자

■ 서베일 성운(NGC6960)

■ 불꽃별 성운(IC405)

■ 성단 M52, 성운 NGC 7635

별의 나이

－

M37 성단은
어린 별들이 뭉쳐 사는 별 모임입니다.
이 아기별들의 나이는 약 5억 살로…
네?

■ M37

캘리포니아 성운

-

미국의 도시
캘리포니아와 닮은 성운이다.
언젠가
서울 성운도 발견되면 좋겠다.

■ NGC1499

■ 달리는 사람 성운(NGC1977), 오리온대성운(M42)

현상수배

-

※주의
이 사진에는 열심히 도망가고 있는
'달리는 사람 성운'이 도주 중!
발견하는 즉시 제보 바람.

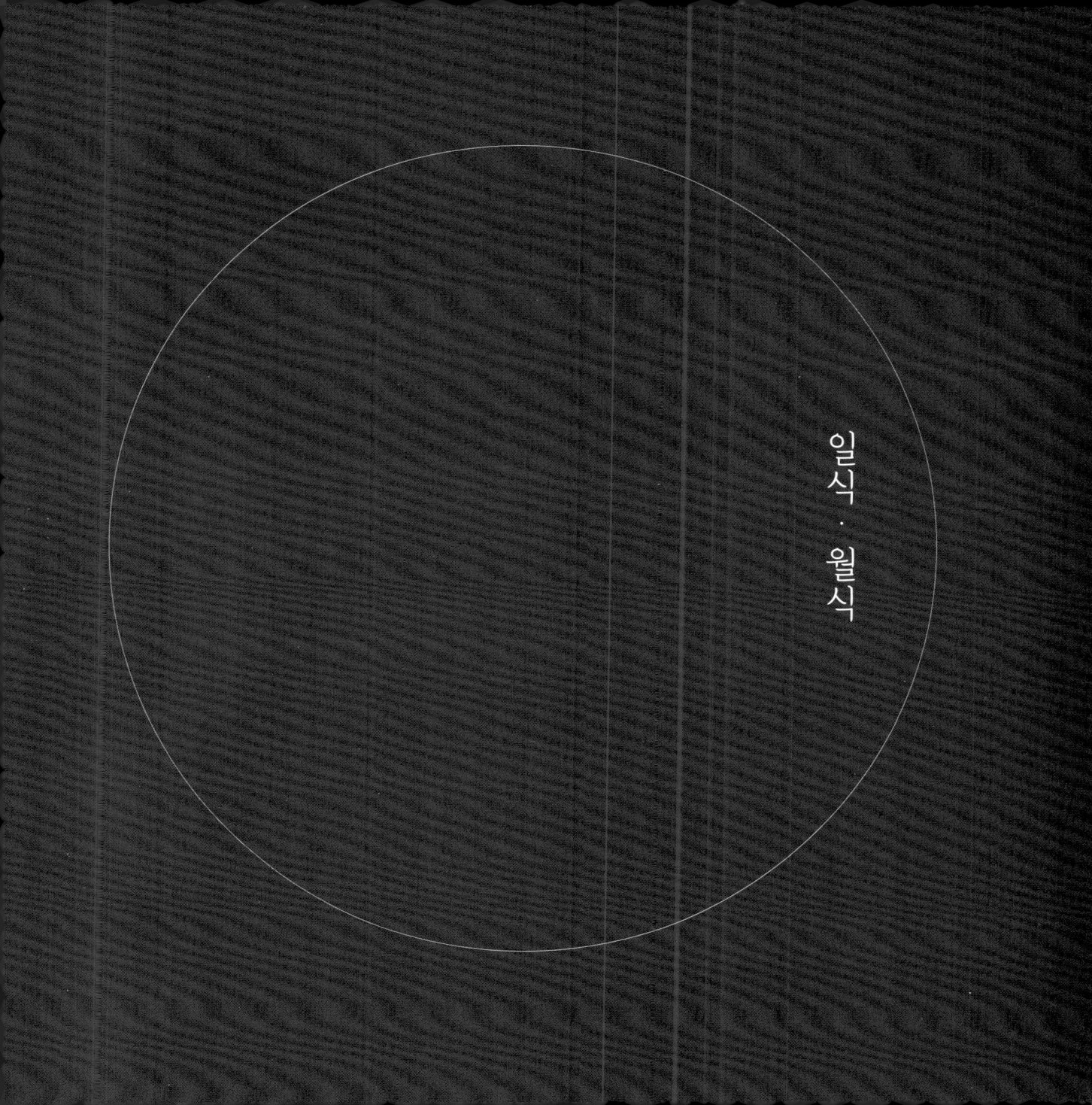

■ 2017 개기일식 촬영 셋팅

■ 2017 개기일식 장소_미국 아이다호주 제퍼슨 카운티

■ 개기일식과 다이아몬드 링 (2017 미국)

■ 2017 개기일식 상태, 주변 풍경

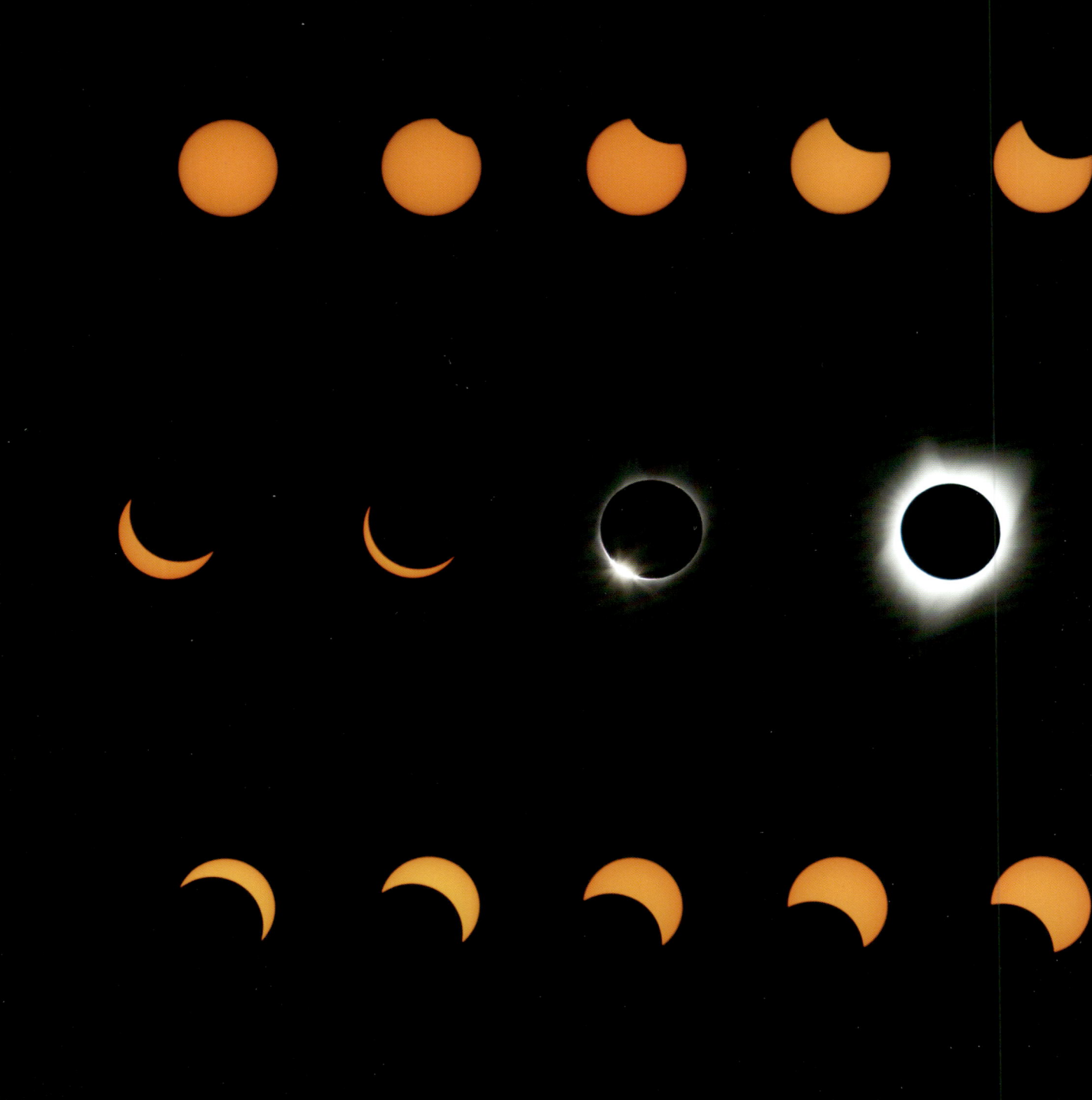

개기일식

—

태양이 달에 완전히 가려지면
무슨 일식일까?

아이들이 답한다.

고기일식
고급일식
건강일식

이런들 어떠하리
저런들 어떠하리
건강하게만 자라다오

■ 2017년 개기일식 과정

장소　　　미국 아이다호주 제퍼슨 카운티
카메라　　Canon Eos 5D mark-Ⅲ
촬영시간　노출시간 가변

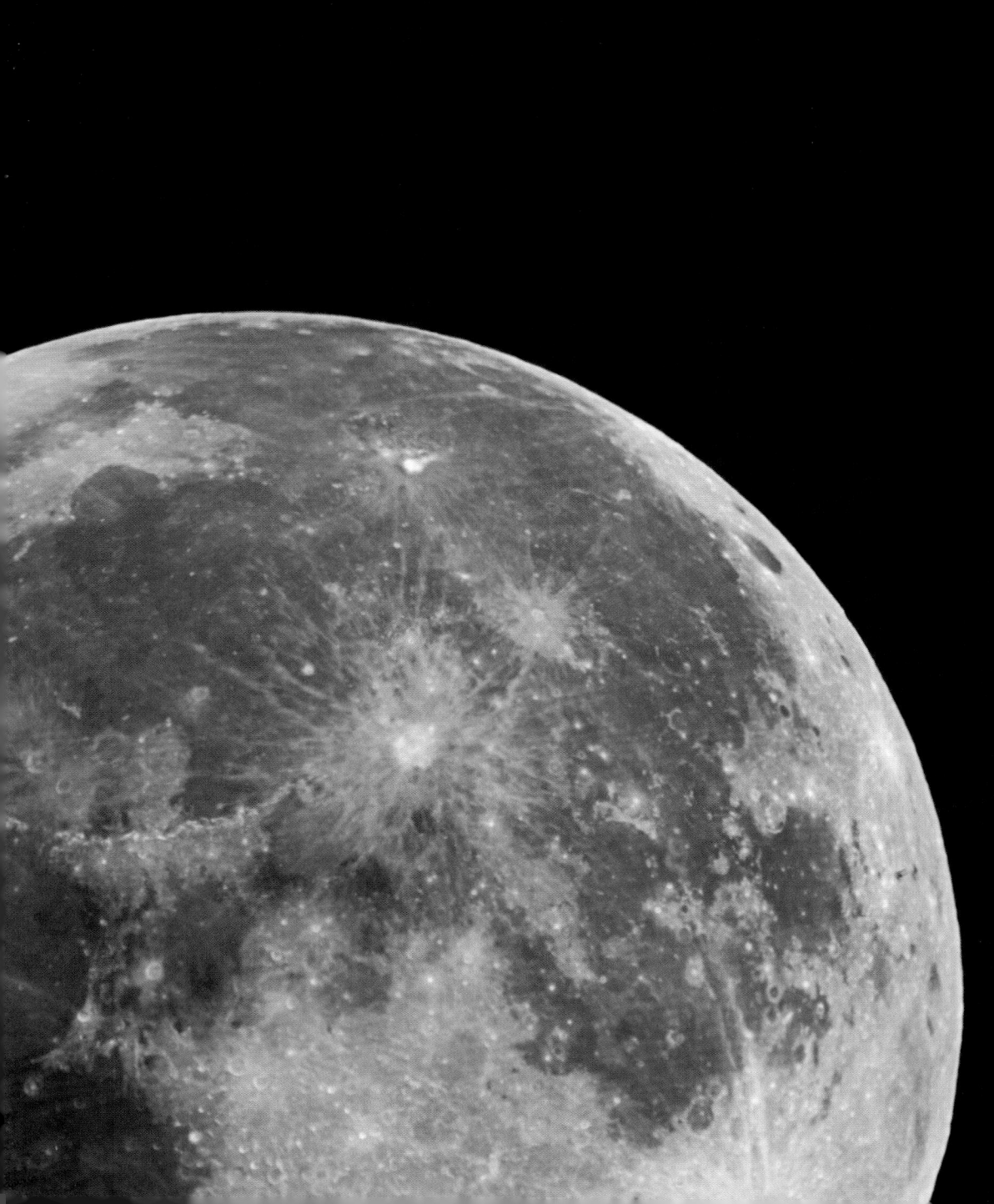

천문대 고수

―

천문대 고수들만
아는 비밀

천문대에 가면
별
성운
성단
은하
행성
…

모두 다 볼 수 있지만
망원경으로 볼 땐
역시
달이 최고다.

개기월식

-

"레드문이 떴어요."
뛰어가 선생님께 외쳤다.
선생님이 말했다.
"저건 그냥 먼지 때문에 붉어진 거야"

진짜 레드문은 개기월식 때
만날 수 있다고 했다.

2022년 11월 8일
Coming soon!

■ 2018년 개기월식 과정

장소　　　경기도 성남
카메라　　Canon Eos 5D mark-Ⅲ
촬영시간　노출시간 가변

■ 지구 그림자에 가려진 달

■ 레드문

■ 니오와이즈 혜성(C/2020 F3)

에필로그

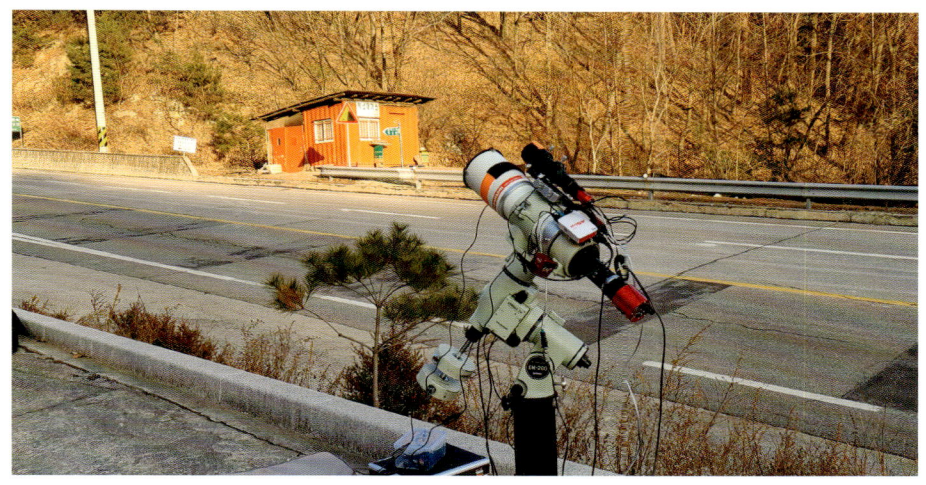

　천체사진 촬영을 시작한 지 여러 해가 지났지만, 우주의 한 부분을 사진으로 담는 일은 여전히 행복합니다. 동이 틀 무렵까지 많은 날을 뜬눈으로 지새울 수 있던 것은 그저 즐거웠기 때문입니다. 이 즐거움을 여러분과 함께 나누고 싶었습니다.

　이 사진집은 재미있게 우주를 감상하는 데 목적이 있습니다. 때문에 몇몇 사진에는 이름이 표기되지 않거나 함축된 이름이 쓰이기도 했습니다. 전문가용 사진집에 등장하는 세세한 장비 설명이나 촬영 정보들도 생략했습니다. 너그러운 마음으로 이해해 주시길 소원합니다.

2021. 11. 20

천체 사진가 신용운

별빛을 선물하다

1판 1쇄 발행   2021년 12월 1일
1판 2쇄 발행   2022년 10월 28일

사 진	신용운
글	조승현
편 집	조승현

펴 낸 곳   밤산책
출판등록   2021년 11월4일(제2021-000093호)
주   소   서울특별시 성북구 북악산로 742-12
전   화   (070)4647-0098
이 메 일   cho@astrocamp.net

※ 본 도서에는 대한문화인쇄협회에서 제공한 서체(바른바탕체, 바른돋움체)가 적용되어 있습니다.

ⓒ 신용운, 조승현 2021
ISBN 979-11-976636-1-1 (03440)